生殖与发育生物学专家季维智院士
写给小朋友的干细胞生物学绘本

千变万化的干细胞

新叶的神奇之旅Ⅱ

中国生物技术发展中心 编著
科学顾问 季维智

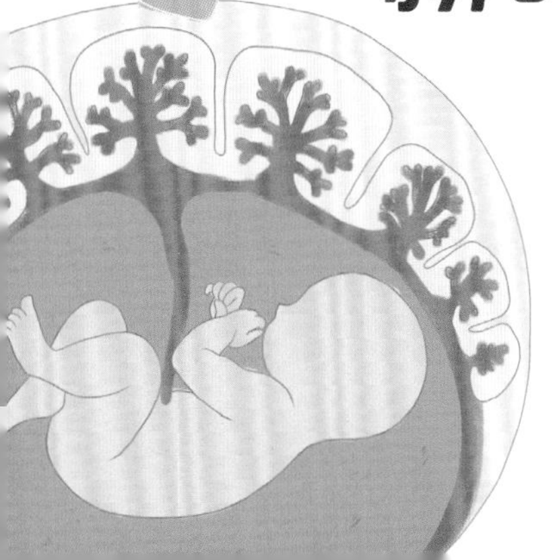

科学普及出版社
·北 京·

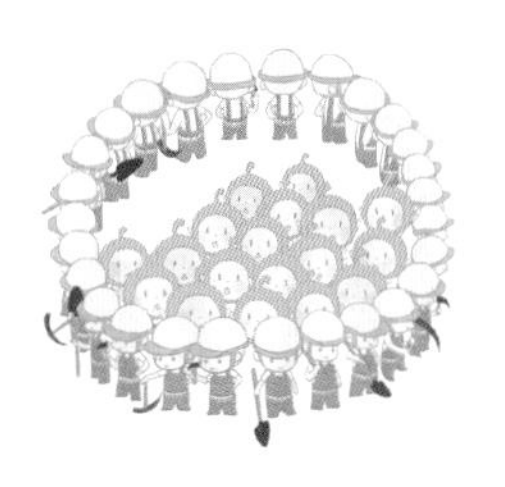

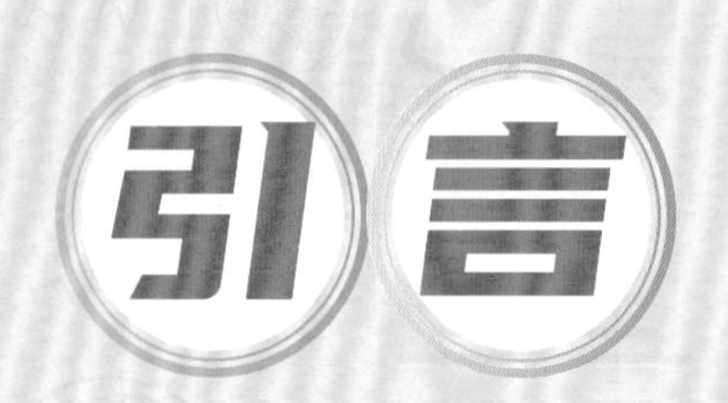

引言

一个阳光明媚的下午，新叶在阳台上认真观察孵化的鸡蛋。他记得自然科学课的老师说，只要提供合适的温度并耐心等待，就能看到小鸡破壳而出。等待的同时，新叶一直在思考一个问题——为什么圆溜溜的鸡蛋最终会变成一只活泼的小鸡呢？我们人体王国又是如何形成的呢？

百思不得其解的他找到了季爷爷寻求帮助。为了使新叶能够更加清楚、直观地了解生命是如何开始的，季爷爷带他乘坐模拟飞船开启了生命之旅……

卵细胞

功　能：母亲来源的生殖细胞，内部含有母系遗传物质、大量的信使核糖核酸（mRNA）和蛋白质，为早期胚胎发育提供营养物质。

小斯

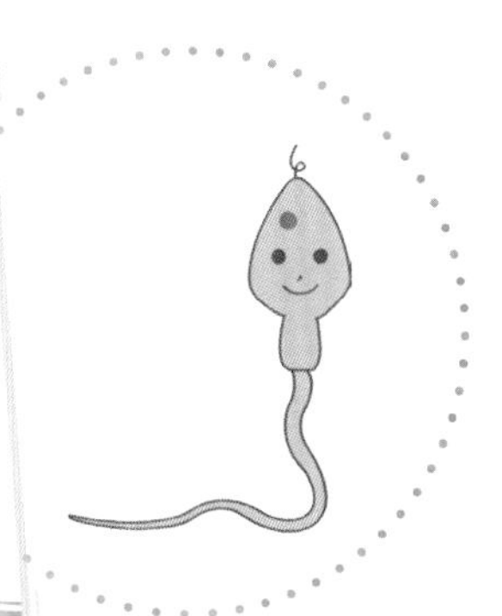

学　名：精子

功　能：父亲来源的生殖细胞。成熟的精子细胞核含有高度致密化的染色质，即父系遗传物质。

受精卵

功　能：受精卵由卵细胞和精子结合而成，同时具有父亲和母亲的遗传物质，是一切有性繁殖物种生命的起源，未来会发育成胎儿及胚外组织（如脐带、胎盘、羊膜、羊水等）。

团团

学　名：内细胞团

功　能：囊胚时期胚胎的中间部分，具备较强的多能性，未来将继续发育成为胚胎本体和卵黄囊。内细胞团也是体外构建胚胎干细胞的原始材料。

滋养层细胞

功　能：早期能够保护内细胞团，使其不受外部微环境的影响。晚期能够侵入母亲子宫内膜，从而为胎儿和母体建立联系，最终形成胎盘。胎盘是胎儿与母体进行物质交换的重要场所。

上胚层细胞

功　能：内细胞团进一步发育形成两种类型的细胞，位于内部的则为上胚层细胞，未来将进一步发育成胎儿本体。

下胚层细胞

功　能：内细胞团进一步发育形成两种类型的细胞，位于外侧的单层细胞为下胚层细胞。未来它将发育成卵黄囊。卵黄囊是最初的重要造血器官，在妊娠中晚期会逐步退化。

羊膜细胞

功　能：由上胚层细胞分化而来，未来发育成羊膜包裹住胎儿，对胎儿起保护作用。

小小喵

学　名：血岛原始红细胞

功　能：胚胎发育早期（胎肝还未形成）血细胞，临时承担氧气运输工作。

外胚层细胞

功　能：由上胚层细胞分化而来，未来发育成神经系统、表皮组织、表皮分泌物、五官等。

中胚层细胞

功　能：由上胚层细胞分化而来，未来发育成胎儿的生殖系统、心脏、血液循环系统等。

内胚层细胞

功　能：由上胚层细胞分化而来，未来发育成胎儿的消化系统、呼吸系统等。

目录

受精卵的前世今生

文/褚　楚　李景会
图/王　婷　胡晓露

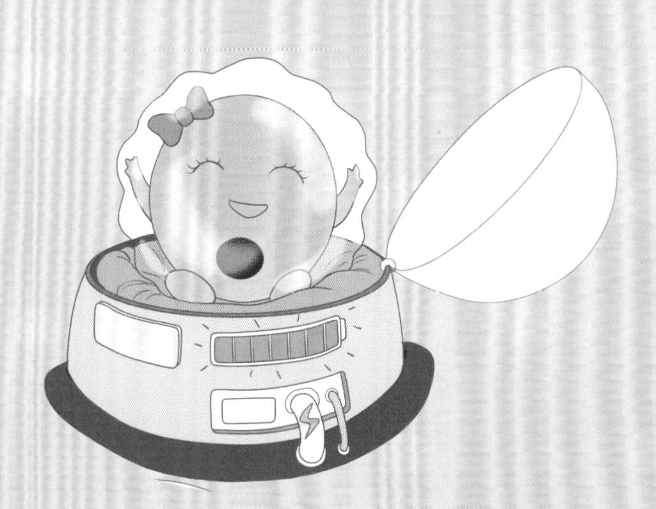

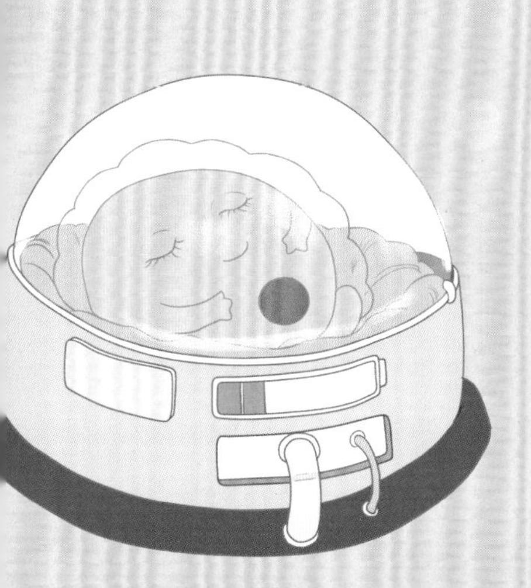

创造生命的两大功臣

季爷爷带着新叶来到了生命始发站，在这里有妈妈的卵细胞和爸爸的精子，它们是构建生命的两大功臣。

季爷爷：如果新叶想要了解生命是如何来的，那就首先应该了解创造生命的两大功臣哦！他们是卵细胞和精子。

新　叶：什么是卵细胞和精子呢？

季爷爷：精子和卵细胞分别是爸爸、妈妈身体里产生的终极超人，是他们俩共同创造了生命。

新　叶：那他们又是怎么出现的呢？

季爷爷：咱们这就去一探究竟！

卵细胞的苏醒

季爷爷带着新叶来到一个巨大的卵细胞存储仓库，很多卵宝宝都在这里沉睡，季爷爷正向新叶讲解卵细胞是如何产生的。

新　叶：为什么感觉很多卵细胞都在睡觉呢？

季爷爷：新叶观察得很仔细哦。其实在每个女孩出生前，卵细胞仓库中就有很多卵细胞了，只不过它们都处于睡眠状态。当女孩进入青春期后，每个月就会有一个卵细胞从沉睡中苏醒。

新　叶：那精子也是每个月才有一个吗？

季爷爷：不是的，差别还挺大呢！走，我们一起去精子加工工厂看看。

精子的诞生

为了了解另一功臣，季爷爷带新叶来到了“精子加工工厂”，这个工厂存在于爸爸体内，能够源源不断地生产新的精子。

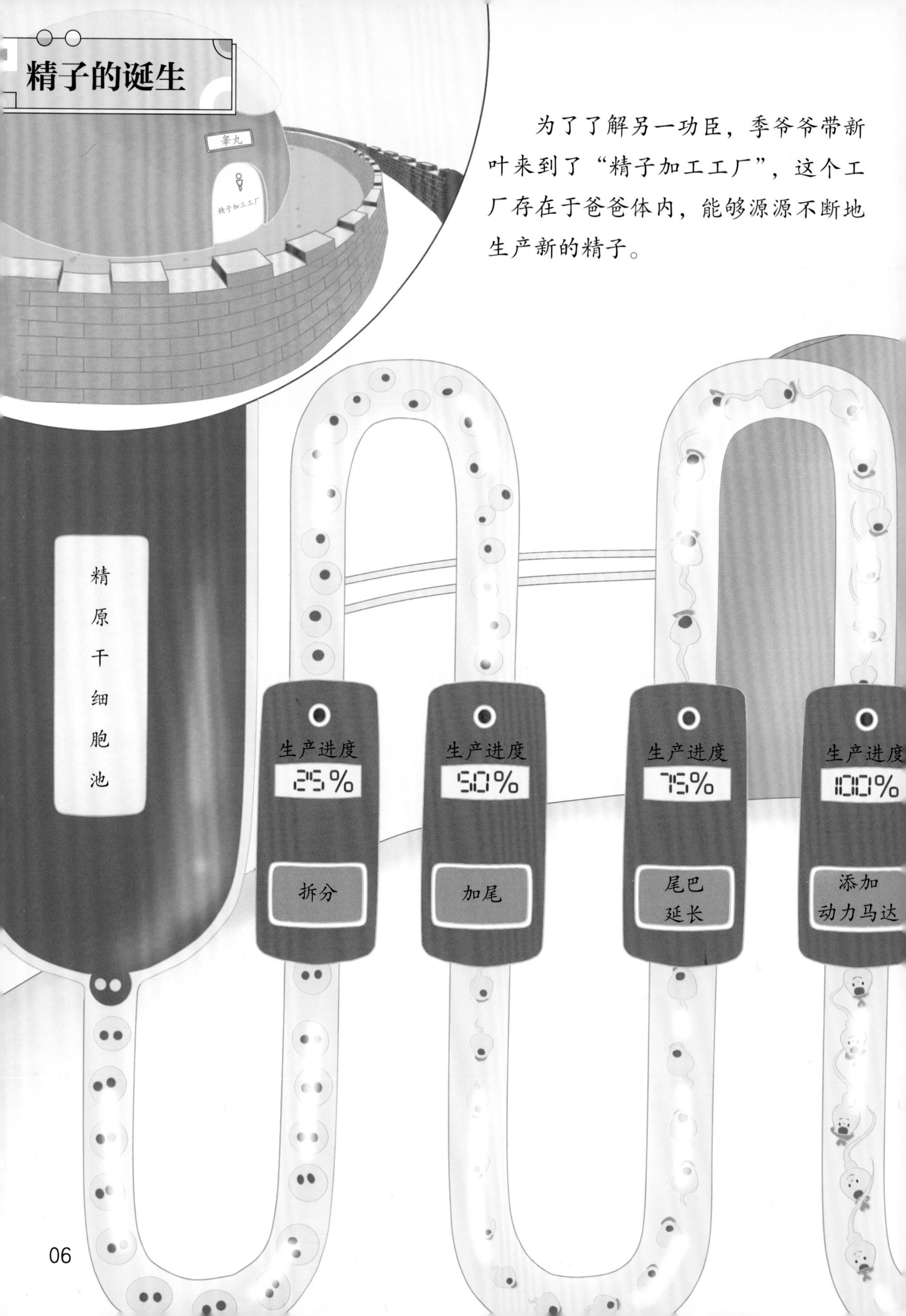

新　叶：哇，原来这就是精子加工工厂啊！

季爷爷：你看，与卵细胞不同，虽然每个精子需要经过大约 70 天的加工才能完成，但由于生产线在持续运作，所以最终产量是很多的。

新　叶：生产完毕的精子们激动地紧挨在一起，似乎准备好了要去做些什么。

季爷爷：他们正等待参加下一轮游泳大赛呢！让我们一起去赛场看一看。

激烈的游泳大赛

新　叶：你好，我叫新叶。我和季爷爷一起来参观你们的游泳比赛。战况好激烈呀！

小　斯：欢迎你们！是呀，大家都十分看重这次比赛，只有速度最快、体格最强壮的选手，才能有机会与卵细胞小姐会面并握手。

新　叶：那其他输了的精子小伙伴还能再次参加比赛吗？

小　斯：不可以哦，每位精子小伙伴只有一次参加比赛的机会，如果输了，他们便会很快老去，最终消失在子宫宫殿中。

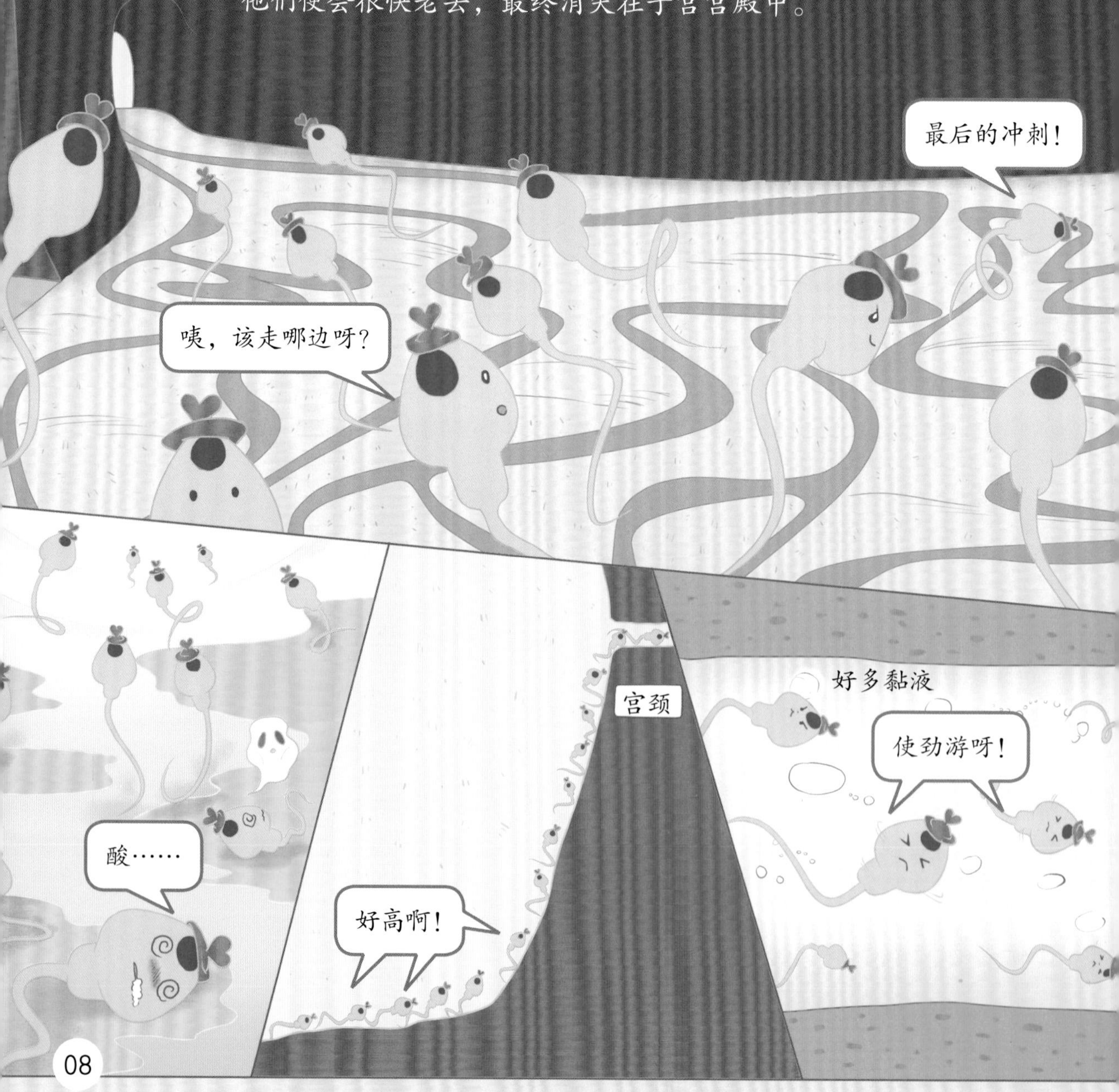

每次游泳比赛都有2亿～5亿个精子参加，而终点处的卵细胞小姐只有1个。因此，只有速度最快、体格最强壮且最幸运的一名精子才能够与卵细胞小姐结合，并一起创造生命的种子。
加油！加油！
我可以的！
好累啊！
我要被纤毛
扫回去了！
异物入侵
异物入侵
快跑！
是白细胞！

精卵的魔幻变身

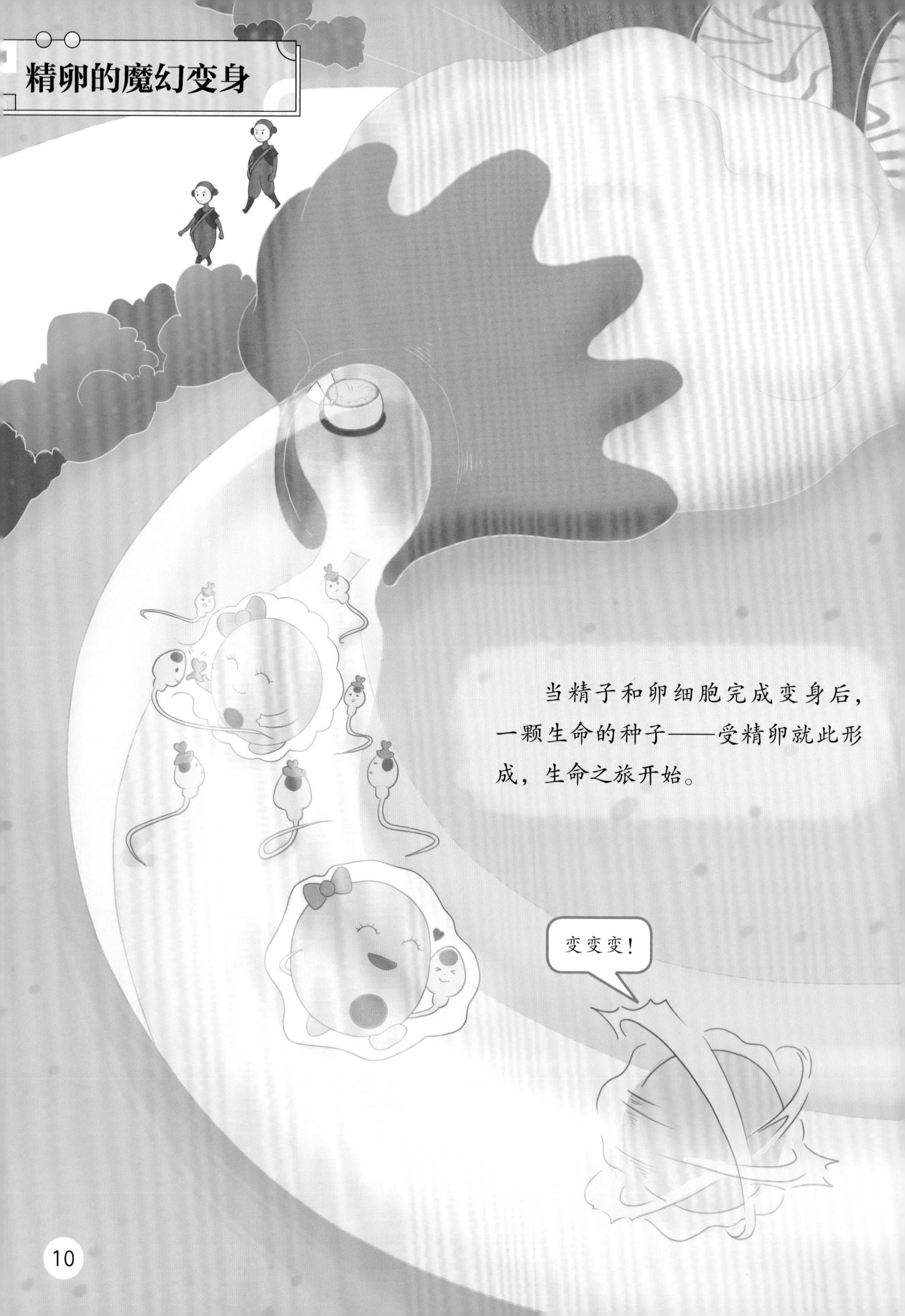

当精子和卵细胞完成变身后，一颗生命的种子——受精卵就此形成，生命之旅开始。

新　叶：好神奇啊！为什么卵细胞和精子一旦结合就变成另外一个样子了？他们都消失了吗？

季爷爷：卵细胞和精子结合之后就合二为一变成受精卵了。他们并没有消失，只是以合并的形式存在于受精卵中。受精卵是一切有性繁殖物种生命的开始，就像一颗种子，要开始发芽、生长，最终变成一棵大树。

新　叶：原来每个生命都是开始于这样一个圆圆的受精卵呀！我已经迫不及待想要了解它后面是怎么变化的了。

科普小讲堂

创造生命的两大功臣分别是来自妈妈的卵细胞和来自爸爸的精子。精子和卵细胞结合，变成受精卵。受精卵是一切有性繁殖物种生命的起源，它同时包含妈妈和爸爸的遗传物质。这就是有的小朋友眼睛像妈妈而嘴巴像爸爸的原因。

生命种子的萌芽

文/褚 楚 邱忠毅 卞 宁
图/王 婷 朱航月

受精卵的分身术

随着时间的推移，受精卵开始不停地变出许多个更小的细胞，我们把这样的细胞叫作卵裂球，不同数目的卵裂球会组成一个完整的个体，称为胚胎。

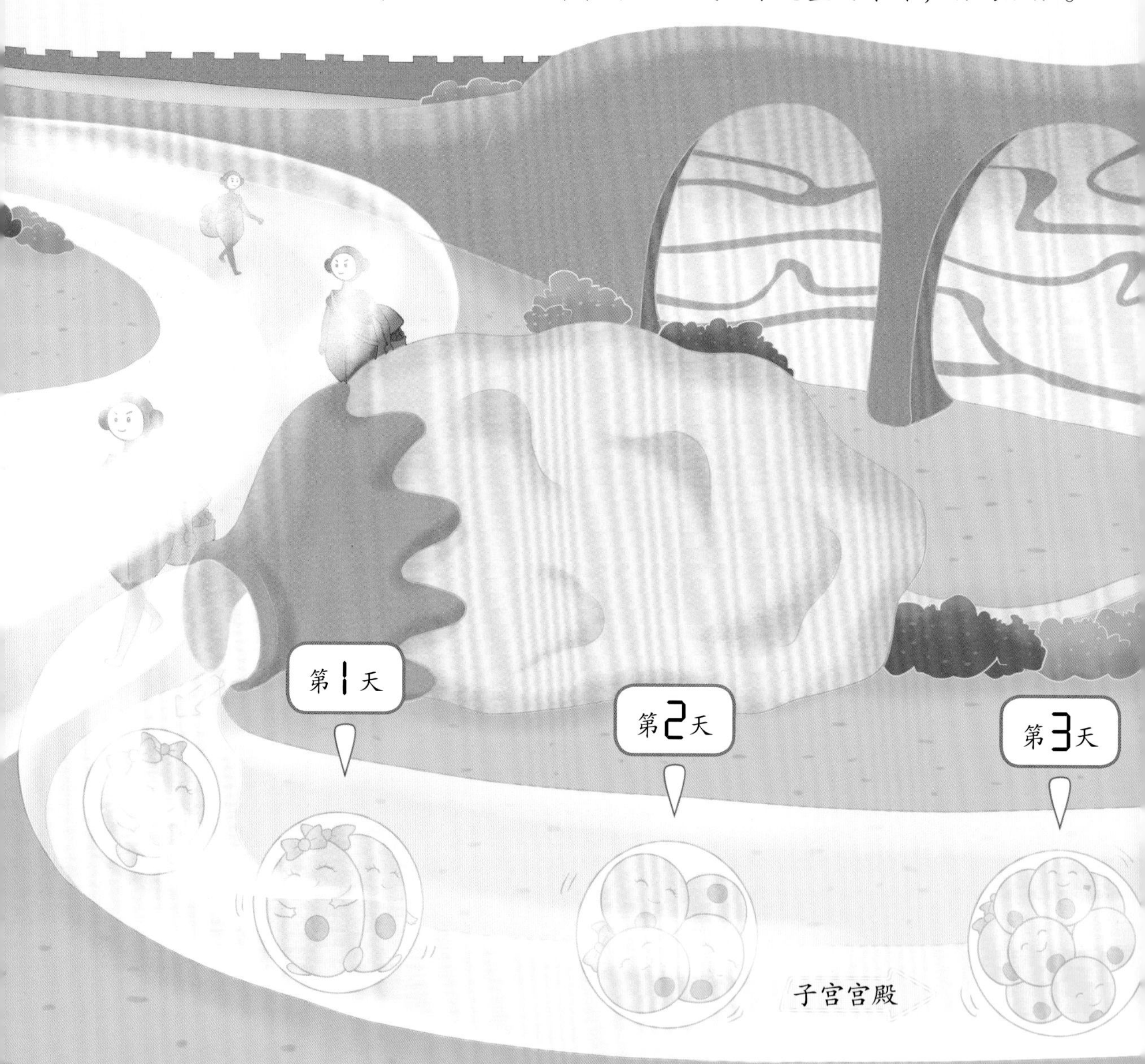

季爷爷：新叶，你看，受精卵形成后具备了分身的能力，生命的种子也因此开始早期萌芽。

新　叶：那这些卵裂球最终就会变成一个人体王国吗？

季爷爷：只有他们中的部分成员会变成人体王国。让我们接着往下看。

子宫宫殿
第6天
变身啦!
第5天
第4天
好挤好挤!

囊胚中的两种细胞

新　叶：季爷爷，为什么从第 6 天开始，胚胎的形状就跟之前不一样了呢？

季爷爷：新叶观察得很仔细啊！从这一天开始，紧密排列的卵裂球中开始出现一个空腔，此时的胚胎我们称之为囊胚，这个空腔被称为囊胚腔。原本身份一样的细胞开始变成了两大类——内细胞团和滋养层细胞，不仅形态有了区别，而且未来的功能也会不同。

囊胚由内细胞团和滋养层细胞组成。后者能够对前者起到保护作用，而前者未来将发育为完整的人体王国。

胎盘前身——滋养层细胞

大家继续坚守岗位，保护内细胞团！
内细胞团
我们要加油吸收营养物质。
挖得越深，扎根越稳！大家加油！
营养物质
营养物质
营养物质

新　叶：内细胞团和滋养层细胞为什么从形态上看差异很大呢？

季爷爷：他们不仅形态不同，而且未来的命运也不一样哦。随着时间的推移和卵裂球数量的增加，需要有一群小伙伴站出来保卫大家并为大家驻扎营地，只有这样，其他的卵裂球才能更好地生存。处在外围的滋养层细胞便承担起了这个重任。

人体王国的基石——内细胞团

新　叶：滋养层细胞像内细胞团的守护者。那内细胞团准备去做什么呢？

季爷爷：位于中间的内细胞团，则紧紧拉着手，准备齐心协力建造人体王国。至于他们是怎么变化的，我们在下一个故事中再去详细了解。

新叶词典

内细胞团

内细胞团是囊胚期胚胎中部的一团致密的细胞群，它们具有发育成为人体各种细胞和器官的潜能。因具备上述特点，内细胞团被用作体外构建胚胎干细胞的重要原始材料。

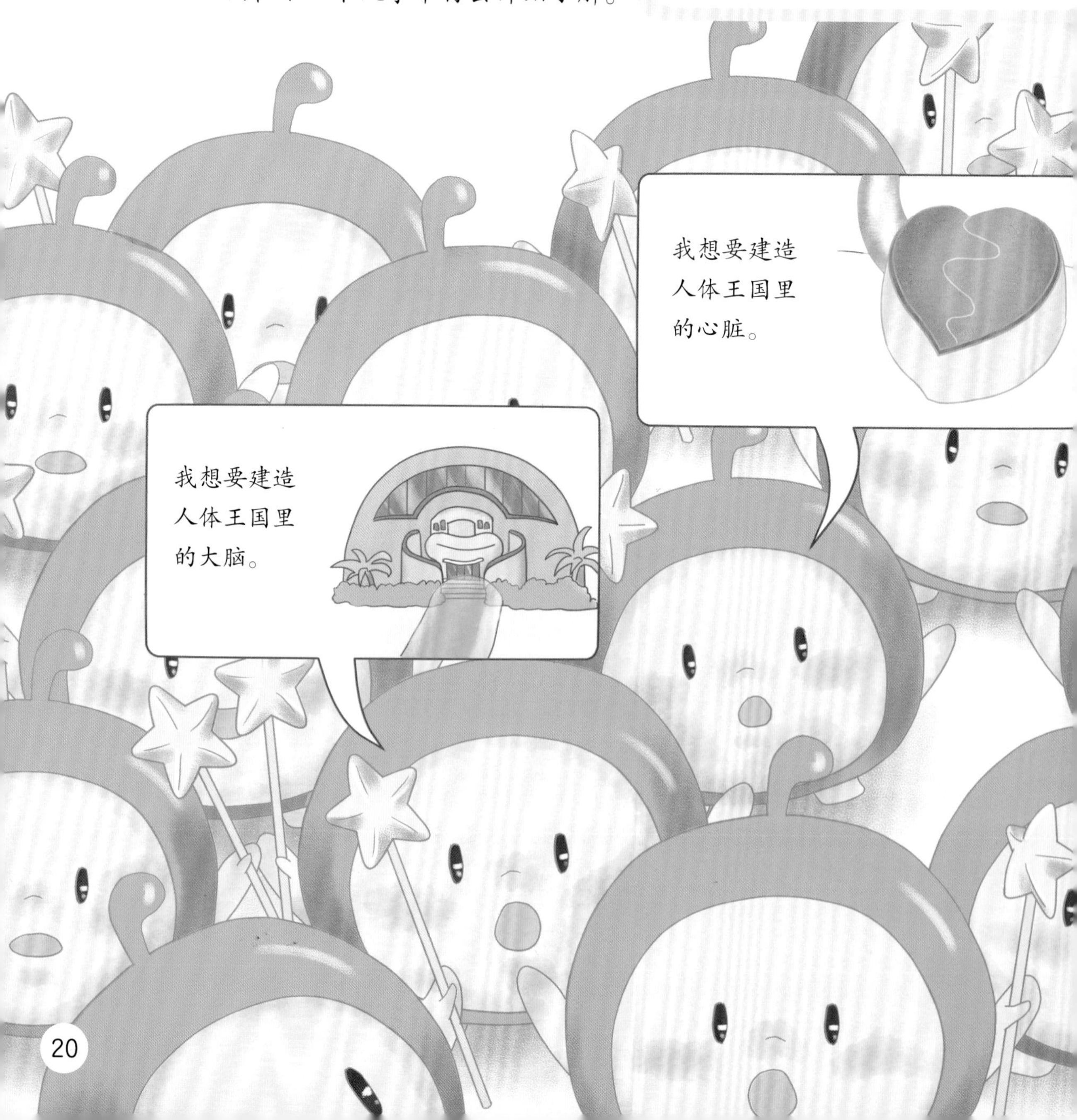

内细胞团成员未来的命运多种多样，是他们一起构建出了人体王国的各个部分。
我想要建造人体王国里的胃部。
我想要建造人体王国里的肺部。

科普小讲堂

受精卵具有快速分裂的能力，分裂后的受精卵称为胚胎。人类的胚胎大约在第六天形成具备一个空腔的囊胚。囊胚包含外侧的滋养层细胞和内部的内细胞团两个部分。滋养层细胞最终会发育成胎盘，而内细胞团最终会发育成一个完整的个体。

命运决定的奇幻旅程

文/诸 楚 邱忠毅 陶 倩
图/王 婷 朱航月

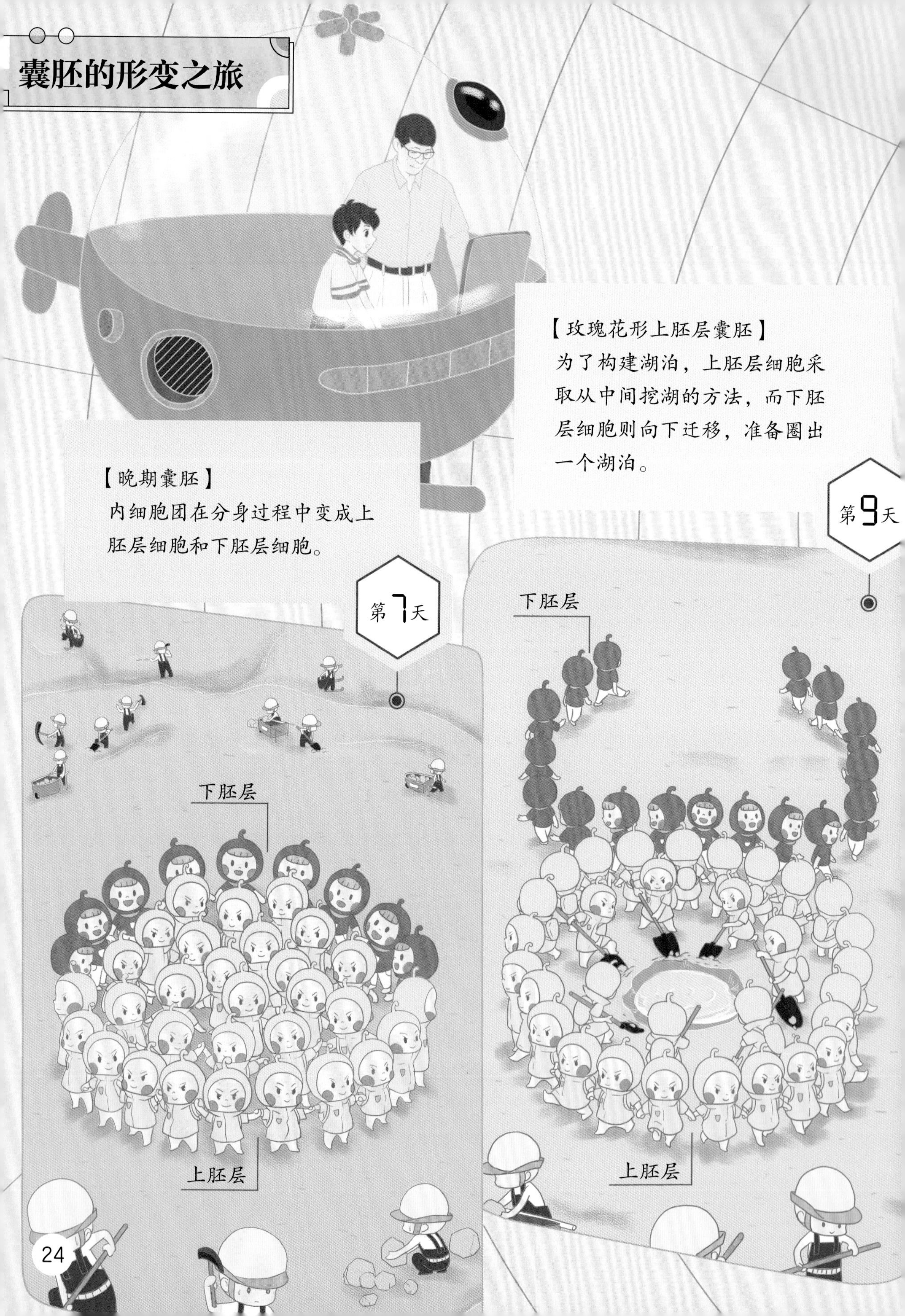

囊胚的形变之旅
【晚期囊胚】
内细胞团在分身过程中变成上胚层细胞和下胚层细胞。
第7天
下胚层
上胚层
【玫瑰花形上胚层囊胚】
为了构建湖泊，上胚层细胞采取从中间挖湖的方法，而下胚层细胞则向下迁移，准备圈出一个湖泊。
第9天
下胚层
上胚层

为了了解内细胞团接下来将如何变化，季爷爷带新叶乘坐时光飞船去一探究竟。他们路过了第 7 天、第 9 天的囊胚，正向着第 11 天的囊胚驶去……

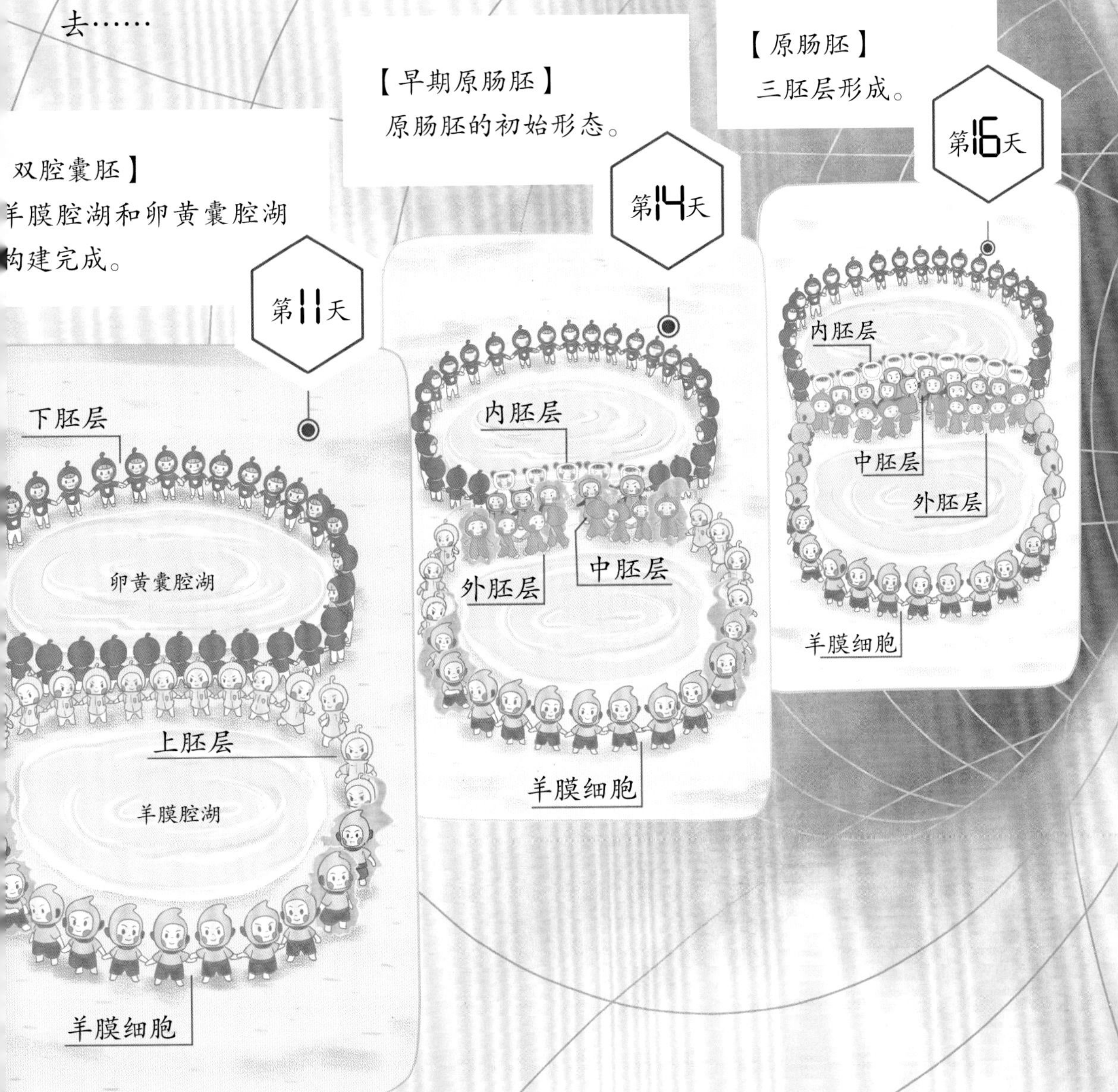

季爷爷：新叶，下一站我们将抵达“双腔囊胚”，它是“囊胚形变之旅”的第一个重要时期。你准备好和我一起去参观了吗？

新　叶：我已经迫不及待了！

血液的发源地——卵黄囊腔

“双腔囊胚”站到了，季爷爷和新叶将飞船停在了卵黄囊腔湖边的栈道上。

季爷爷：我们首先参观的是卵黄囊腔湖，新叶还记得卵黄囊腔湖是怎么形成的吗？

新　叶：我记得！我记得！飞船路过第 9 天囊胚的时候我看到过，卵黄囊腔湖是由下胚层细胞围出来的。

季爷爷：不错！新叶观察得很仔细。接下来，让我们坐上时光穿梭机，去看看第 19 天的卵黄囊腔湖发生了什么。

新叶词典

卵黄囊

卵黄囊是生命发育早期的血液临时制造厂。但在晚期，卵黄囊将逐渐退化消失，而由肝脏和背部主动脉接管造血工作。

新　叶：小喵，你怎么长这么高了？

小小喵：季爷爷和新叶，你们好，我叫小小喵。虽然长得和小喵很像，但个头比他大得多，能背的氧气也比他多哦。

新　叶：小小喵，你在卵黄囊做什么呢？

小小喵：我来临时承担氧气运输的工作，未来会有成熟的红细胞来代替我们哦！

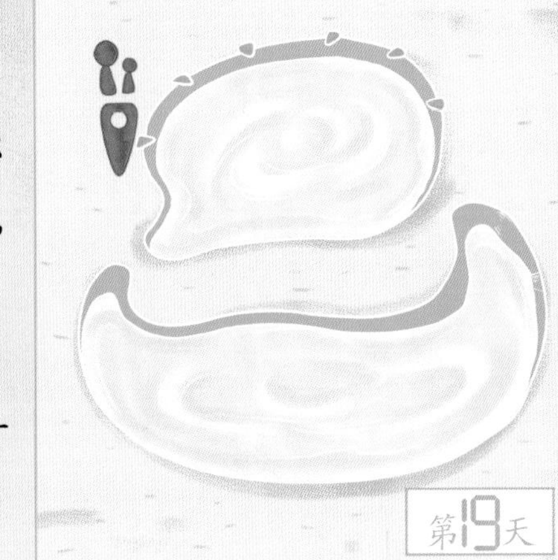

充满无限可能的羊膜腔

了解了卵黄囊的功能后，季爷爷和新叶乘坐时光穿梭机回到第 11 天的双腔囊胚，继续参观另一个“湖泊”——羊膜腔。

新　叶：这就是上胚层细胞挖出来的湖吗？

季爷爷：没错！新叶有没有注意到这个湖与卵黄囊腔湖有什么不同？

新　叶：我知道！这个湖边有两种长相不一样的细胞。

季爷爷：是的。在建造羊膜腔湖的过程中，两侧的上胚层细胞逐步变身为羊膜细胞。而其他的上胚层细胞紧密排列，正准备迎接更复杂的变身。

为了了解羊膜腔湖将来会是什么样子，季爷爷带新叶乘坐时光穿梭机来到第 16 周的羊膜腔。

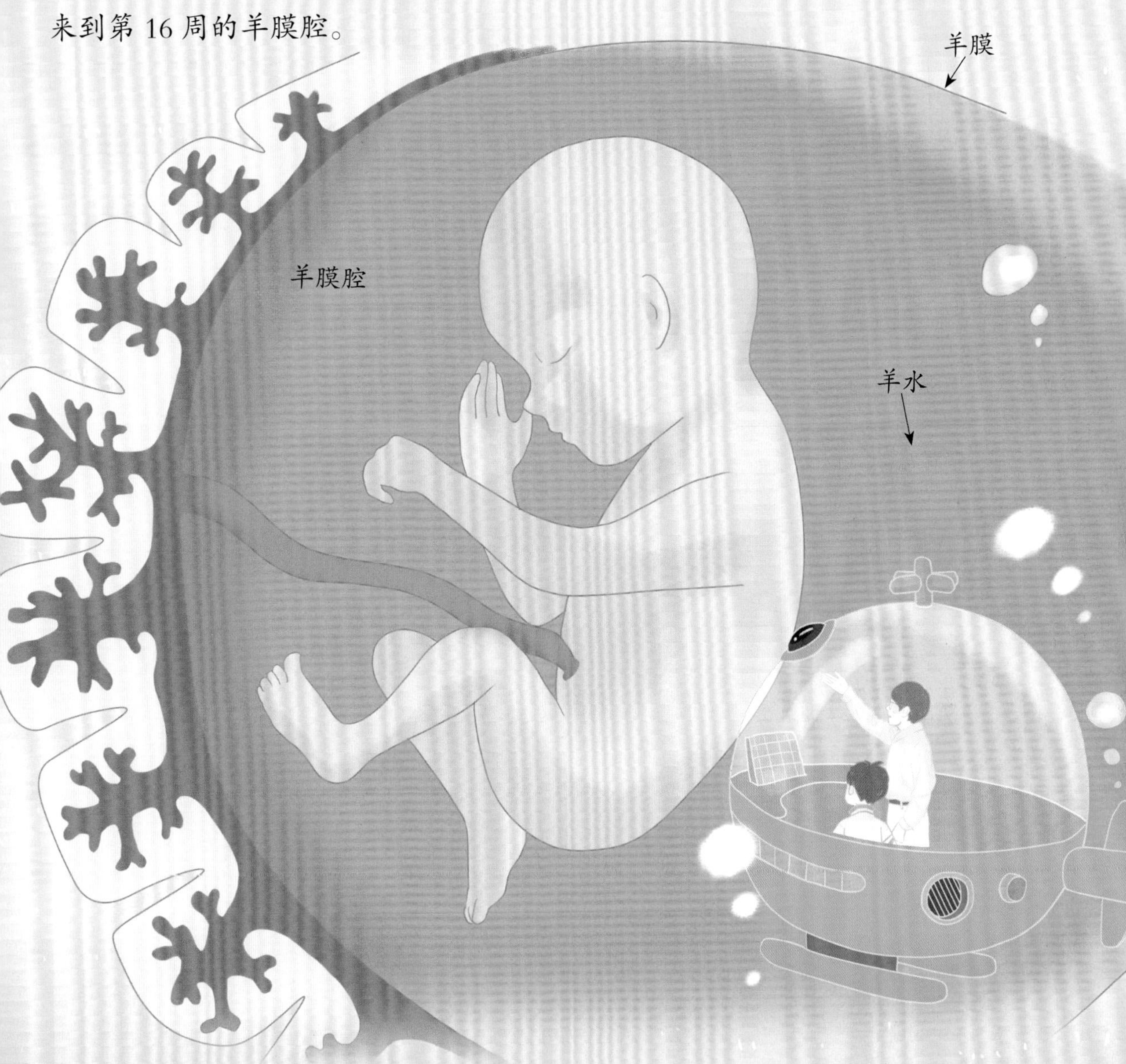

季爷爷：新叶，这就是第 16 周时的胎儿。羊膜腔未来要承担起保护胎儿的作用。羊膜腔中的羊水，可以保护胎儿免受外界的冲击。

新　叶：我知道羊水！它是用来检查胎儿有没有遗传性疾病的。但胎儿又是怎么来的呢？

季爷爷：胎儿都是由第 11 天的上胚层细胞形成的，但是过程要复杂得多。让我们回到飞船上，继续旅行，你就能找到答案了。

人体王国的基础——原肠胚

新叶📖词典

原肠胚

原肠胚是早期胚胎发育的一个十分重要的阶段，具备外、中、内三个胚层，而这三个胚层的细胞是构建人体王国的基础。

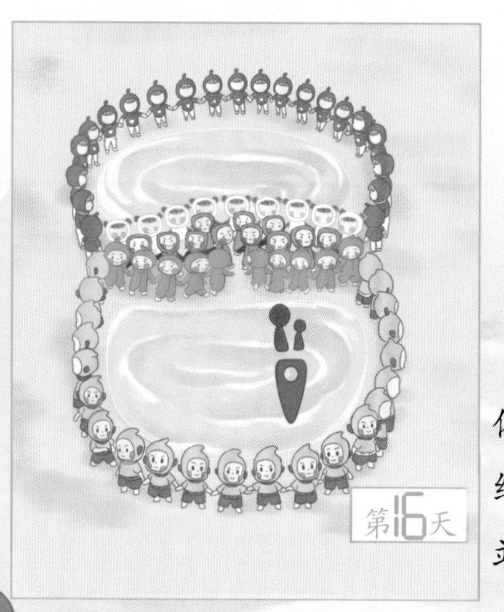

为了继续了解上胚层细胞是怎样变成人体王国的，新叶和季爷爷回到飞船上继续旅行，并准备在“原肠胚”站停泊参观。

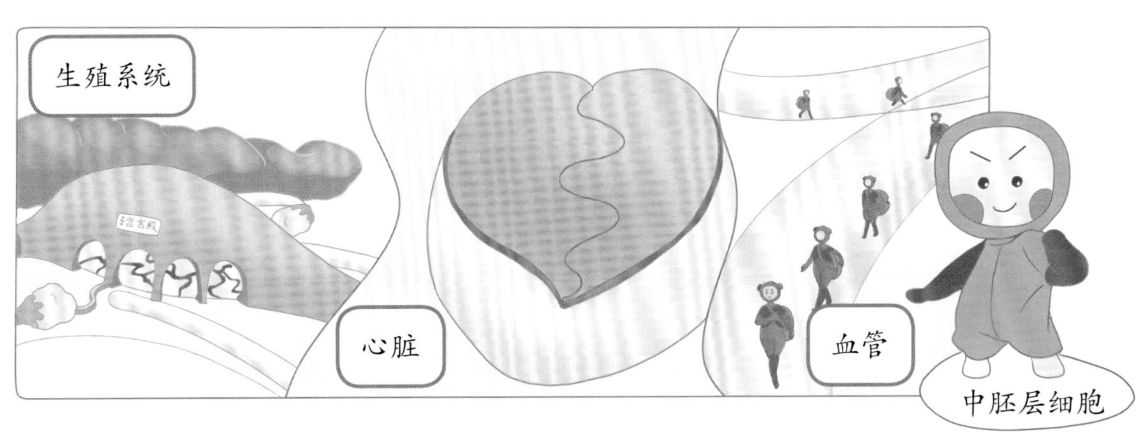

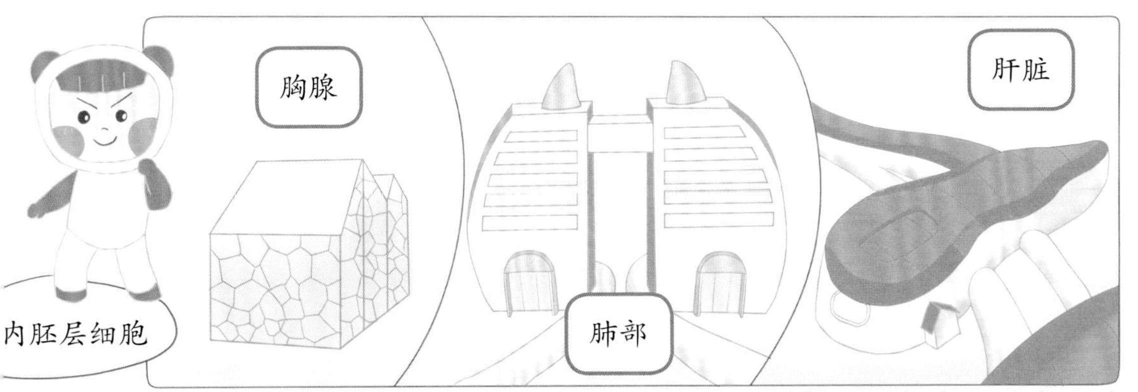

季爷爷：在原肠胚时期，上胚层细胞向下凹陷，最终变身为三种命运有所差别的细胞。按所处的位置，我们将这三类细胞分别称为外胚层细胞、中胚层细胞和内胚层细胞。

新　叶：为什么会有这样的差别呢？

季爷爷：上胚层细胞承担了构建整个人体王国的主要责任，而人体王国的部门较多，所以上胚层细胞变为三类细胞，分工合作，一起完成这项复杂的工作。

季爷爷：原肠胚其实只是人体王国建立的最初阶段。在接下来的日子里，三个胚层还会经历很多很多次变身，变成各种工厂。当这些工厂都建立完毕，人体王国才能算建立成功。

新　叶：谢谢季爷爷。原来人体王国的每个部分都需要经历复杂的过程才能形成。因此，我们更应该珍惜和爱护来之不易的每一个生命。

季爷爷：新叶说得很对。珍爱大自然中的每一种生命，是我们每个人义不容辞的责任和义务。

科普小讲堂

羊水中含有胎儿的基因。因此，在母亲妊娠期，会定期进行羊水穿刺检查，来筛查胎儿是否患有遗传性疾病，如唐氏综合征（21 三体综合征）、苯丙酮尿症（常染色体隐性遗传病）等。

超人训练营

文/褚 楚 杨 洁
图/王 婷 胡晓露

初见超人训练营

新　叶：季爷爷，历经之前的旅程，我感觉内细胞团特别神奇，他似乎具有超能力，可以变出人体王国的各个部分。

季爷爷：新叶描述得十分贴切。我们确实可以把他们看作超人。

新　叶：有什么办法能够保存他们的这种“超能力”吗？

季爷爷：当然！科学家经过不断探索，最终找到了维持他们“超能力”的方法。咱们这就去“超人训练营”看看是怎么做到的。

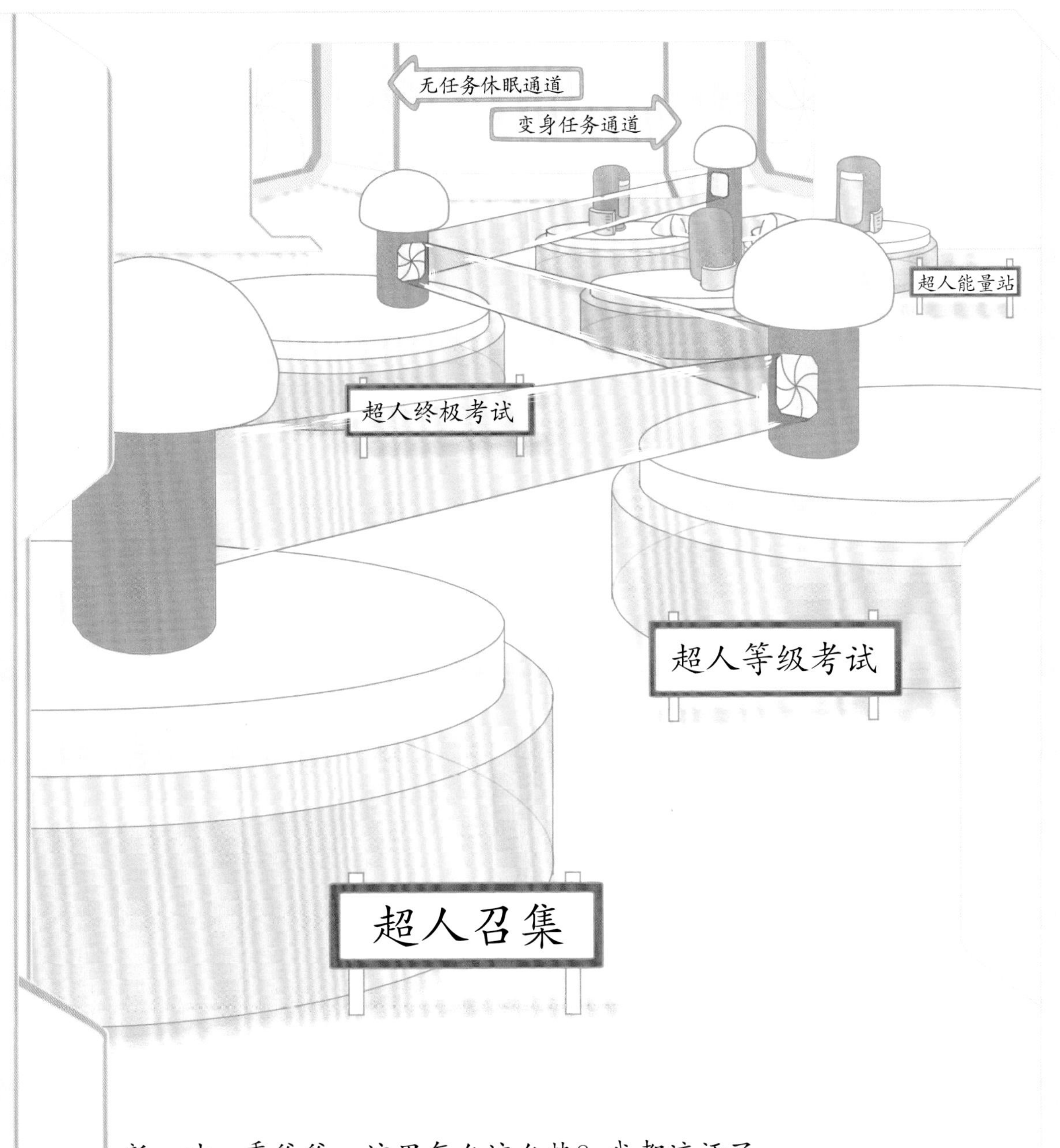

新　叶：季爷爷，这里怎么这么热？我都流汗了。

季爷爷：新叶，我们来到了胚胎干细胞之家，这是细胞的生存环境，我们需要在体外维持体内的环境，它们才能健康成长。

小　伊：新叶、季爷爷，你们好，我是超人训练营的导游，让我带你们参观一下我们的家园是如何运作的吧。

超能力的维持和建立

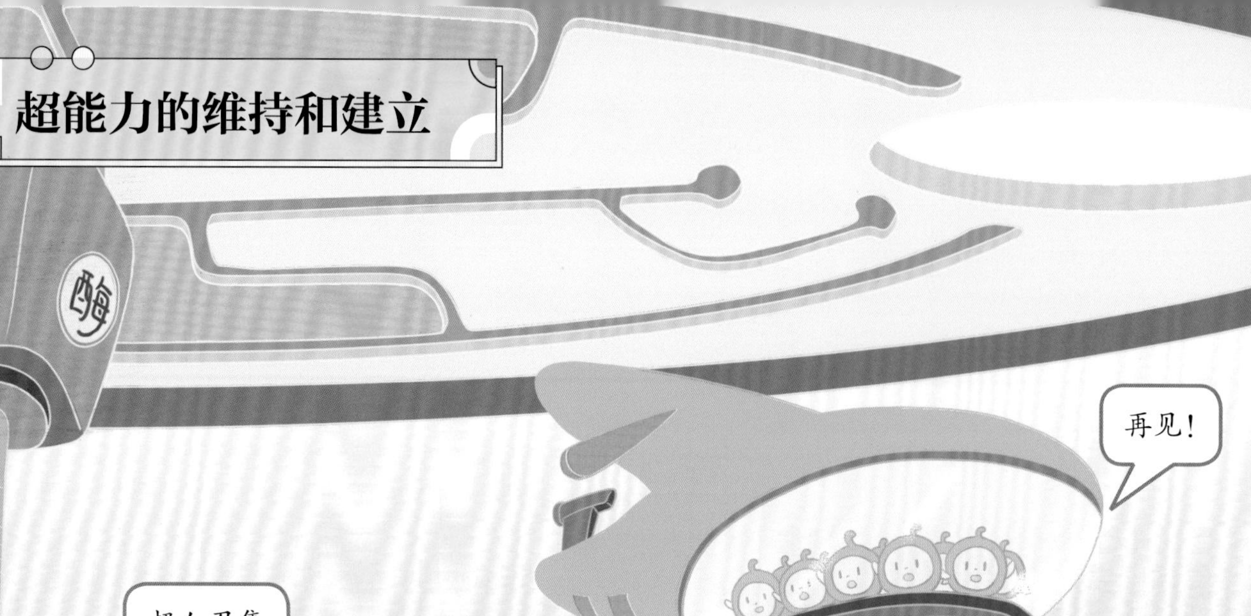

新　叶：请问它们这是要去哪里呀？

团　团：我们要去一个能维持我们超能力的地方，只有在那里，我们的本性才能得以维持。

小　伊：内细胞团要成为超人，需要适应新环境，这样它们才能获得源源不断的能量。

新　叶：是不是能紧贴地面的细胞群落就通过了初级考试呢?

小　伊：严格来说，只有形状立体的细胞群落才算通过考试。

季爷爷：小伊说得对！只有形状立体的细胞群落才能参加终极考核，比如B型细胞群。

超人终极考核

通过超人终极考核的标准是：同时高表达多能性基因，如 *OCT4*、*NANOG*、*SOX2* 等。

新　叶：哇，他们头上都有小灯泡！

小　伊：对，这是他们分泌的因子哦。

新　叶：那为什么每个群落看上去亮的灯都不一样呢。

季爷爷：这就是终极考核的意义所在，只有三个灯泡同时发光的细胞群才是合格的超人。

超人能量站

胚胎干细胞只有源源不断地吸收营养物质，才能维持强大的超能力。科学家根据这一需求设计了能量站。

新　叶：啊！有一个超人能量站发出了警报，是不是有什么危险呀？

小　伊：这是培养基罐供能不足了。新叶你看，这样的话，超人头上的灯就会随机熄灭，他们就不能再称为超人了。

新　叶：有没有办法能救救他们？

季爷爷：没有办法哦。这就要求负责补充能量的工作人员全程都必须既细心又耐心。

培养基罐
培养基罐
能量告急！超人细胞将失去超能力！
多能性消失
OCT4
NANOG
SOX2
OCT4
NANOG
SOX2
唉！
唉！
唉！

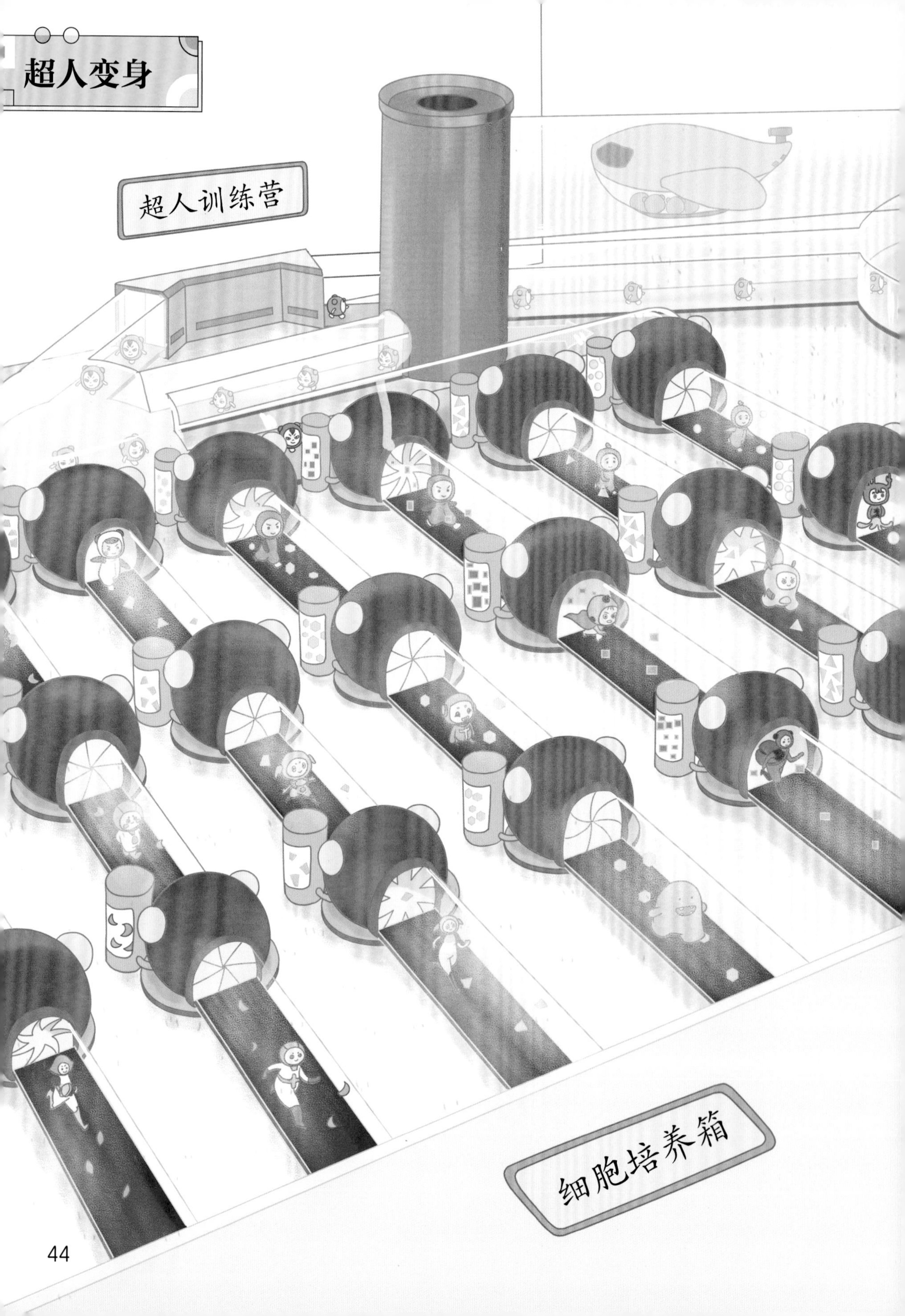
超人变身
超人训练营
细胞培养箱

小　伊：新叶你看，这些超人收集到不同的变身信号，正准备变成其他类型的细胞呢。

季爷爷：当我们给胚胎干细胞提供不同的环境和营养物质时，他们就能变身为特定的细胞类型了。

新　叶：好神奇！那是不是只要获得了这些超人，我们就可以随心所欲地变出想要的细胞和器官？

季爷爷：当然不是哦。在使用胚胎干细胞时，我们要先征得供体的同意，然后根据实际需求来合理发挥超人的能力，用于临床治疗或研究。

超人休眠舱

快速冷冻和超低温的环境可以保持细胞的形态和活性，因此暂时不需要工作的胚胎干细胞可以转移至液氮中进行保存。

小　伊：（小声说）你们看，还没有接到任务的超人会转移至休眠舱暂时休眠，以保持体力，等新的任务来了，床头的命令灯亮了，他们才会从沉睡中苏醒，回到能量站工作。

科普小讲堂

胚胎干细胞来源于囊胚时期的内细胞团。将内细胞团分离出来置于培养皿中，并提供所需的营养物质，可以维持这些内细胞团中的胚胎干细胞或进一步利用它们。

第一株人类胚胎干细胞诞生于 1998 年，由美国科学家詹姆斯·汤姆森及其科研团队培育。